中国地质灾害科普丛书
丛书主编：范立民
丛书副主编：贺卫中 陶 虹

地 裂 缝

DILIEFENG

陕西省地质环境监测总站 编著

中国地质大学出版社
ZHONGGUO DIZHI DAXUE CHUBANSHE

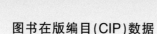

图书在版编目(CIP)数据

地裂缝 / 陕西省地质环境监测总站编著. —武汉：中国地质大学出版社，2019.12（2022.11 重印）

（中国地质灾害科普丛书）

ISBN 978-7-5625-4716-7

Ⅰ.①地…

Ⅱ.①陕…

Ⅲ.①地裂缝–灾害防治–普及读物

Ⅳ.①P315.3

中国版本图书馆 CIP 数据核字(2019)第 300031 号

地裂缝	陕西省地质环境监测总站　编著

责任编辑:周豪　　　　选题策划:唐然坤　毕克成　　　　责任校对:周旭

出版发行:中国地质大学出版社(武汉市洪山区鲁磨路 388 号)　　邮编:430074

电话:(027)67883511　　　　传真:(027)67883580　　E-mail:cbb@cug.edu.cn

经销:全国新华书店　　　　　　　　　　　　　　　http://cugp.cug.edu.cn

开本:880 毫米×1 230 毫米　1/32　　　　字数:77 千字　　　　印张:3

版次:2019 年 12 月第 1 版　　　　　　印次:2022 年 11 月第 2 次印刷

印刷:武汉中远印务有限公司

ISBN 978-7-5625-4716-7　　　　　　　　　　　　　　　定价:16.00 元

如有印装质量问题请与印刷厂联系调换

《中国地质灾害科普丛书》

编委会

科学顾问:王双明 汤中立 武 强

主 编:范立民

副 主 编:贺卫中 陶 虹

参加单位:矿山地质灾害成灾机理与防控重点实验室

《崩 塌》主编:杨 渊 苏晓萌

《滑 坡》主编:李 辉 刘海南

《泥 石 流》主编:姚超伟

《地面沉降》主编:李 勇 李文莉 陶福平

《地面塌陷》主编:姬怡微 陈建平 李 成

《地 裂 缝》主编:陶 虹 强 菲

我国幅员辽阔,地形地貌复杂,特殊的地形地貌决定了我国存在大量的滑坡、崩塌等地质灾害隐患点,加之人类工程建设诱发形成的地质灾害隐患点,老百姓的生命安全时时刻刻都在受着威胁。另外,地质灾害避灾知识的欠缺在一定程度上加大了地质灾害伤亡人数。因此,普及地质灾害知识是防灾减灾的重要任务。这套丛书就是为提高群众的地质灾害防灾减灾知识水平而编写的。

　　我曾在陕西省地质调查院担任过 5 年院长,承担过陕西省地质灾害调查、监测预报预警与应急处置等工作,参与了多次突发地质灾害应急调查,深知受地质灾害威胁地区老百姓的生命之脆弱。每年汛期,我都和地质调查院的同事们一起按照省里的要求精心部署,周密安排,严防死守,生怕地质灾害发生,对老百姓的生命安全构成威胁。尽管如此,每年仍然有地质灾害伤亡事件发生。

　　我国有 29 万余处地质灾害点,威胁着 1 800 万人的生命安全。"人民对美好生活的向往就是我们的奋斗目标",党的十八大闭幕后,习近平总书记会见中外记者的这句话深深地印刻在我的脑海中。党的十九大报告提出"加强地质灾害防治"。因此,防灾减灾除了要查清地质灾害的分布和发育规律、建立地质灾害监测预警体系外,还要最大限度地普及地质灾害知识,让受地质灾害威胁的老百姓能够辨识地质灾害,规避地质灾害,在地质灾害发生时能够瞬间做出正确抉择,避免受到伤害。

为此,我国作了大量科普宣传,不断提高民众地质灾害防灾减灾意识,取得了显著成效。2010 年全国因地质灾害死亡或失踪为 2 915 人,经过几年的科普宣传,这一数字已下降,2017 年下降到 352 人,但地质灾害死亡事件并没有也不可能彻底杜绝。陕西省地质环境监测总站组织编写了这套丛书,旨在让山区受地质灾害威胁的群众认识自然、保护自然、规避灾害、挽救生命,同时给大家一个了解地质灾害的窗口。我相信通过大力推广、普及,人民群众的防灾减灾意识会不断增强,因地质灾害造成的人员伤亡会进一步减少,人民的美好生活向往一定能够实现。

　　希望这套丛书的出版,有益于普及科学文化知识,有益于防灾减灾,有益于保护生命。

中国工程院院士

陕西省地质调查院教授

2019 年 2 月 10 日

前言

2015 年 8 月 12 日 0 时 30 分，陕西省山阳县中村镇烟家沟发生一起特大型滑坡灾害，168 万立方米的山体几分钟内在烟家沟内堆积起最大厚度 50 多米的碎石体，附近的 65 名居民瞬间被埋，或死亡或失踪。在参加救援的 14 天时间里，一位顺利逃生的钳工张业宏无意中的一句话触动了我的心灵："山体塌了，怎么能往山下跑呢？"张业宏用手比划了一下逃生路线，他拉住妻子的手向山侧跑，躲过一劫……

从这以后，我一直在思考，如果没有地质灾害逃生常识，张业宏和他的妻子也许已经丧生。我们计划编写一套包含滑坡、崩塌、泥石流等多种地质灾害的宣传册，从娃娃抓起，主要面对山区等地质灾害易发区的中小学生和普通民众，让他们知道地质灾害来了如何逃生、如何自救，就像张业宏一样，在地质灾害发生的瞬间，准确判断，果断决策，顺利逃生。

2017 年初夏，中国地质大学出版社毕克成社长一行来陕调研，座谈中我们的这一想法与他们产生了共鸣。他们策划了《中国地质灾害科普丛书》(6 册)，申报了国家出版基金，并于 2018 年 2 月顺利得到资助。通过双方一年多的努力，我们顺利完成了这套丛书的编写，编写过程中，充分利用了陕西省地质环境监测总站多年地质灾害防治成果资料，只要广大群众看得懂、听得进我们的讲述，就达到了预期目的。

《中国地质灾害科普丛书》共 6 册,分别是《崩塌》《滑坡》《泥石流》《地裂缝》《地面沉降》和《地面塌陷》,围绕各类地质灾害的基本简介、引发因素、识别防范、临灾避险、分布情况、典型案例等方面进行了通俗易懂的阐述,旨在以大众读物的形式普及"什么是地质灾害""地质灾害有哪些危害""为什么会发生地质灾害""怎样预防地质灾害""发现(生)地质灾害怎么办"等知识。

在丛书出版之际,我们衷心感谢国家出版基金管理委员会的资助,衷心感谢全国地质灾害防治战线的同事们,衷心感谢这套丛书的科学顾问王双明院士、武强院士、汤中立院士的鼓励和指导,感谢陕西省自然资源厅、陕西省地质调查院的支持,感谢中国地质大学出版社的编辑们和我们的作者团队,期待这套丛书在地质灾害防灾减灾中发挥作用、保护生命!

矿山地质灾害成灾机理与防控重点实验室副主任

陕西省地质环境监测总站 教授级高级工程师

2019 年 2 月 12 日

目录

C O N T E N T S

地裂缝基本概念

我们居住的地球，是一颗美丽的蓝色星球，山山水水都镌刻着大地沧海桑田的变迁。在漫长的地质岁月中，我们的地球母亲经历了山变海、海变山的巨大变化，才有了今天高低起伏的山岳湖海和极目千里的广袤平原。在美丽星球的表面下，有一种常常不被人察觉的地质灾害，就像地球上难以愈合的伤口一样，给人们造成威胁和灾难。它就是最普通的一种地质灾害——地裂缝。

1.1 地裂缝定义

地裂缝是地质灾害的一种，指在自然或人为因素的作用下，地表岩（土）体开裂、差异错动，在地面形成一定长度和宽度的裂缝并造成危害的现象。地裂缝一般产生在第四系松散沉积物中，成因复杂。文献记载最早的地裂缝发生在约五千年前，《开元占经》四引《尚书说》："黄帝将亡则地裂"（引自《太平御览》第880卷）。另外，《圣经》中也记录了很多地裂缝现象。

▼地裂缝示意图

　　我们曾将这些古老的地裂缝视为一种局部的、随机而生的自然现象。自 20 世纪初起，随着人类工程活动的增多，大量地下水或石油的开采，使世界许多国家如美国、中国、墨西哥、澳大利亚、泰国、肯尼亚、埃塞俄比亚等均出现了地裂缝，其中以中国和美国的地裂缝最为严重。2003 年 11 月 24 日，中华人民共和国国务院发布第 394 号令《地质灾害防治条例》，将地裂缝列为六大地质灾害之一。

　　地裂缝一般产生在第四系松散沉积物中，有单独成灾的地裂缝，也有与地面沉降、地面塌陷等其他地质灾害相伴生的地裂缝。

　　地裂缝不仅会造成对各类工程建筑如城市建筑、生命线工程、交通、农田和水利设施等的直接破坏，还会损毁土地资源，进一步加剧土地供需矛盾，同时引起一系列的环境问题。

▼农田地裂缝

地裂缝的灾害危害程度除了与裂缝规模、数量密切相关外，还主要取决于地裂缝发生地区的社会经济条件，以发生在城市、矿区和交通干线附近的地裂缝造成的破坏和损失最为严重，是监测和防治的重点。目前地裂缝研究已经成为国内外地学界和工程学界的重要环境地质课题之一。

▲道路地裂缝

1.2 地裂缝类型

由于产生地裂缝的动力条件不同，地裂缝形成原因也复杂多样，地壳运动、地面沉降、滑坡、特殊土质的膨胀湿陷及人类活动都可以引发地裂缝。按形成地裂缝的动力条件，可将地裂缝分为3类：构造地裂缝、非构造地裂缝以及混合成因地裂缝。

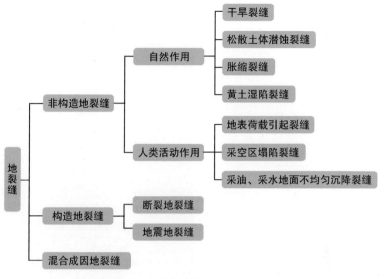

▲地裂缝的分类

📖 1.构造地裂缝

构造地裂缝指由地球内动力地质作用产生的地裂缝,其形成、规模、破坏程度与地震、断裂活动及区域地应力场有直接的对应关系。如地震形成的地裂缝、断裂活动形成的地裂缝。

断裂地裂缝:由于基底断裂的长期蠕动,使上覆岩体或土层逐渐开裂,并显露于地表而形成,其规模和危害最大。

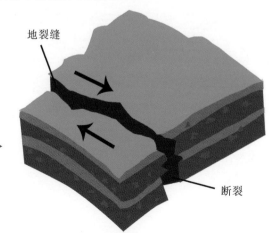

地裂缝

断裂引发地裂缝示意图▶

断裂

地震地裂缝：由于地震活动造成岩体或土体开裂而形成的地裂缝。地震与地裂缝先后出现，相伴而成，是同一区域构造应力场作用下产生的构造活动。

▲地震地裂缝

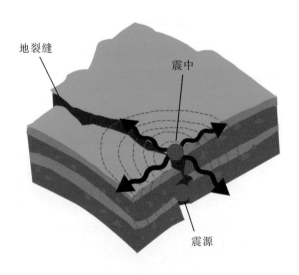

地裂缝

震中

震源

◄地震活动引发地裂缝
示意图

2.非构造地裂缝

非构造地裂缝可以由两种动力条件产生，一是地球外部的动力，如地球表层风化、沉积、固结产生的地裂缝；二是人类活动的力量，如开采地下水、采矿等。常见的非构造地裂缝有哪些呢？让我们一起看看吧。

松散土体潜蚀裂缝：由于地表水或地下水的冲刷、潜蚀、软化和液化作用等，使松散土体中部分颗粒随水流失，土体开裂而成。农田灌溉、地表渗水均可形成此类裂缝。

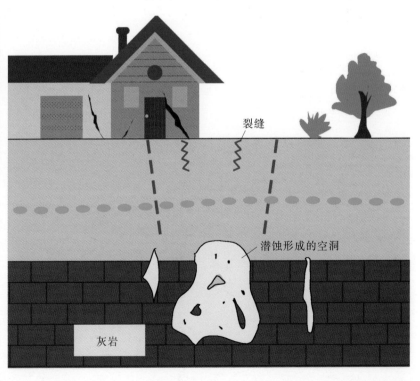

裂缝

潜蚀形成的空洞

灰岩

▲松散土体潜蚀裂缝示意图

胀缩裂缝：由于气候的干、湿变化，使膨胀土或淤泥质软土产生胀缩变形发展而成。

黄土湿陷裂缝：因黄土地层受地表水或地下水的浸湿，产生沉陷而成。

▲ 胀缩裂缝示意图

▼ 黄土湿陷裂缝剖面示意图

黄土湿陷区

地面沉陷裂缝：因各类地面塌陷或过量开采地下水、矿山地下采空引起地面沉降过程中的岩（土）体开裂而成。

▲地面沉陷裂缝示意图

滑坡裂缝：由于斜坡滑动造成地表开裂而成。

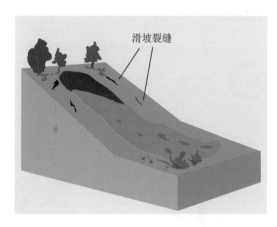

滑坡裂缝

▲滑坡裂缝示意图

🗺 3.混合成因地裂缝

混合成因地裂缝一般是指由构造运动发生、人类活动加剧形成的地裂缝。过量抽汲地下水是人类活动引发地裂缝最为重要的因素之一。我国大部分地区的地裂缝是以构造运动为控制因素、人工抽汲地下水为诱发因素，二者共同作用下产生的。以华北平原、汾渭盆地的地裂缝最为典型。

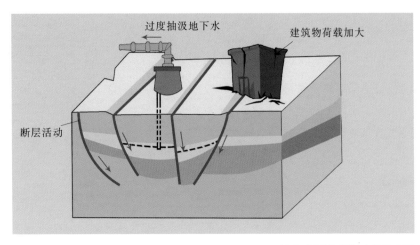

過度抽汲地下水　　　建筑物荷载加大

断层活动

▲混合成因地裂缝形成示意图

1.3　地裂缝的发育特征

地裂缝的分布一般具有方向性、延展性、规律性、不对称性以及渐进性等特点。

1.地裂缝发育的方向性与延展性

地裂缝常常沿一定的方向发育，在同一地区发育的多条裂缝延伸方向大致相同。以西安市为例，地裂缝走向一般为北东东向，西安市发育的14条地裂缝基本平行等间距排列，间距为0.6～1.5千米。

▲地裂缝发育方向性与延展性示意图

2.地裂缝活动的规律性

一般来说，地裂缝活动往往与抽汲地下水有关，地下水的开采旺季往往是地裂缝活动强烈的时段，反之则减弱。

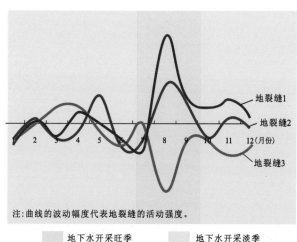

注：曲线的波动幅度代表地裂缝的活动强度。

地下水开采旺季   地下水开采淡季

▲地裂缝活动规律性示意图

3.地裂缝活动的不对称性

同一条地裂缝，两侧的影响宽度是不一致的。一般来说，上盘的活动量大于下盘，故在地裂缝两侧建筑物的破坏程度也具有明显的不对称性。

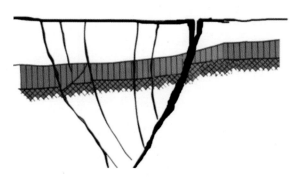

▲地裂缝活动不对称性示意图

📑 4.地裂缝灾害的渐进性

地裂缝灾害是因地裂缝的缓慢扩展而逐渐加剧的。因此随着时间推移，地裂缝的影响和破坏逐渐加剧，最终破坏土地、房屋建筑、交通道路、通信管线等。

地裂缝分布

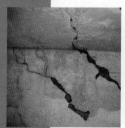

一般来说，地裂缝的类型不同，分布规律也是不一样的。总体来说，地裂缝在世界和我国的分布及发育具有一定的时间与空间规律性。让我们来一起学习吧！

2.1 世界地裂缝分布

在世界范围内，一般研究和统计的地裂缝为由地震、断层和超采地下水所引起的。其中，规模较大的地裂缝长度可达数十千米，宽度可达好几米。世界上的地裂缝主要分布于中国、美国、墨西哥、澳大利亚、肯尼亚、埃塞俄比亚等国家。

▼世界主要地裂缝分布示意图

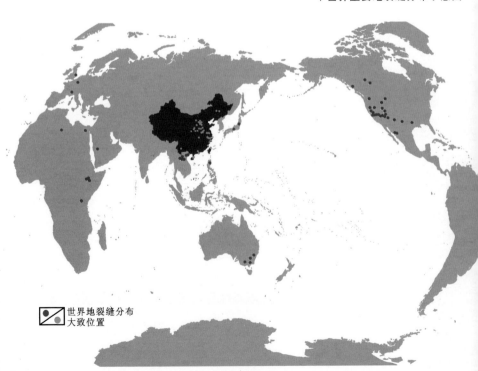

世界地裂缝分布
大致位置

2.2 美国地裂缝

1.美国地裂缝的发展历程

美国的第一条剪裂缝于 1918—1926 年被发现，出现位置为得克萨斯州的 Goose Creek 油田。随后于 1927 年，第二条地裂缝（张裂缝）在亚利桑那州的 Picacho 盆地被发现。1942 年以后为地裂缝的高频发生期，在一些沉降区域发现了许多新地裂缝。到了 20 世纪 70 年代，得克萨斯州的休斯敦地区已经发现 86 条地裂，累计长度 240 千米，数百处建筑工程遭受破坏。在此期间，随着地面沉降的加剧，美国西南部的 6 个州 14 个地区都出现了不同规模的地裂缝。

▲ 美国地裂缝现场（一）

▲ 美国地裂缝现场（二）

2.美国地裂缝的形态

美国以往发现的地裂缝按应力形式不同可以分为张裂缝和剪裂缝。它们主要与开采地下水或石油而导致的地面沉降关系密切。张裂缝是指地面上水平张开的裂缝，它没有剪切运动分量。美国最长的张裂缝带长 3.5 千米，几百米的较为常见。裂缝因为水流冲蚀作用而不断加宽，常形成 1～2 米宽的地沟。根据测量数据的显示，美国地裂缝最大张开深度为 25 米，但 2～3 米的比较普遍。张裂缝多在内华达州的拉斯维加斯和亚利桑那州的凤凰城两个大城市出现。影响的区域大部分为农田，因此没有造成较大的破坏和损失。

剪裂缝是垂直于地面作剪切滑动的裂缝。剪裂缝是由于抽汲地下流体而形成差异沉降所致，外观形态与正断层非常类似，因此两者常常容易被混淆。正断层一般存在季节性蠕滑，且不随地下水位波动而变化，与抽汲地下水流体基本不存在明显的联系。而地裂缝则恰好相反，这类地裂缝最长达 16.7 千米，地表断坎最高可达 1 米。抽汲地下水使断坎由低变高，其速率从一年几毫米至几厘米，其水平剪切位移量很小，可忽略。

📍 3.美国地裂缝的分布

美国的地裂缝主要分布在沉降区，地裂缝的分布与沉降区的特征密切相关，且在各个沉降区变化很大。

在亚利桑那州中南部，有 50 多条张裂缝和 4 条剪裂缝。形成原因主要是在地层中抽汲了大量的地下水，导致地下水位下降了 100 多米。该地区第一条张裂缝于 1927 年出现，第二条出现在 1949 年。还有许多张裂缝出现在亚利桑那州东南部的 Sulphur Springs 盆地和 San Simon 盆地。两个盆地都因水位下降发生了地面沉降。据测量，1937—1974 年，Sulphur Springs 盆地的最大沉降量为 1.63 米，张裂缝则形成于 1935—1958 年。

在得克萨斯州的休斯敦地区，地表可见地裂缝多达 160 余条，累计长度 500 千米。但有近一半的地裂缝是古地裂缝，活动地裂缝有 86 条，累计长度 240 千米。含水层底面最大深度约 800 米，因过

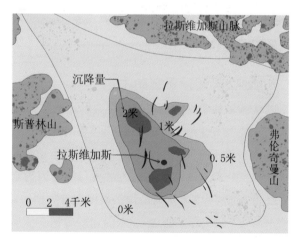

▲美国拉斯维加斯地裂缝沉降区

度抽汲地下水导致含水层水位下降超过 100 米，由于区域水位下降产生了本地区最大的沉降漏斗。在 1943—1973 年，约 12 200 平方千米的地面沉降量超过 0.15 米，最大沉降量超过 2.7 米。

在内华达州的拉斯维加斯地区有超过 125 平方千米的土地受到因抽汲地下水而导致的地面沉降的影响。最早的因地下水位下降而形成的张裂缝出现在 1957—1961 年，最长的地裂缝约 400 米。

在加利福尼亚州的 3 个盆地发生了地裂，分别是 Fremont 盆地、San Jacinto 盆地和 San Joaguin 盆地。Fremont 盆地中既有张裂缝又有剪裂缝，这一区域至少有 12 个裂缝带和 5 个现代断坎。San Jacinto 盆地是加利福尼亚州洛杉矶东 130 千米处一构造盆地，历史上曾发生过大面积地面沉降，因抽汲地下水，诱发了古地裂缝复活。San Joaguin 盆地因抽汲地下水而形成了 3 条张裂缝和 1 条剪裂缝，3 条裂缝彼此间距小于 12 千米。该区地裂缝灾害严重，直到 20 世纪 90 年代仍有地裂缝发育。

▲ 美国西部地裂缝分布示意图 (Holzer, 1984)

2.3 中国地裂缝

　　我国是世界上地裂缝灾害最为严重的国家之一，自 20 世纪 50 年代多处地裂缝被发现以来，其发生频率和灾害程度逐年加剧，目前已遍布陕西、河北、山东、广东、河南等 18 省（直辖市、自治区），总数达 1 000 余条，总长超过 1 000 千米。在我国地裂缝北方多于南方，东部多于西部。以陕、晋、冀、鲁、豫、皖、苏 7 省的地裂缝最为发育，约占全国地裂缝总数的 90% 以上，集中发育在汾渭盆地、华北平原和苏锡常地区，已造成数百亿元的经济损失。

　　地裂缝的分布不均衡性与地壳活动性、自然环境特征以及人类工业活动程度等原因密切相关。我国大部分地裂缝形成是由于构造活动叠加过量开采地下水所致，近年由于煤炭开采形成的工程性地裂缝也比较多。下面我们一起来了解下我国比较典型的地裂缝吧。

中国典型地裂缝的分布位置

▲ 中国典型地裂缝分布图

案例1：不可回避的城市伤疤——西安地裂缝

西安地裂缝与地面沉降相伴而生，自 20 世纪 50 年代发现至今已有 60 多年历史，是西安市城市规划建设和地下空间利用必须解决的"拦路虎"。

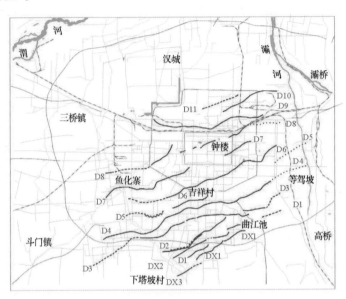

▲西安地裂缝示意图

西安市区经勘查确定的地裂缝带有 14 条，彼此以 0.6～1.5 千米的间距近似平行地展布着。单条地裂缝的长度从 2.1 千米到 12.8 千米不等，地裂缝总体出露长度为 85 千米，延伸总长度 122 千米。与地裂缝结伴而行的地面沉降，已形成了多个沉降盆地，沉降区范围与地裂缝活动范围相一致，累计最大沉降值超过 3 000 毫米。

西安地裂缝呈准平行等间距排列，在横向上，均由 1 条主干裂缝和 2～12 条伴生或次级地裂缝组成宽 5～40 米的地裂缝带，地裂缝带最宽可达 110 米，呈带状定向延伸。在地裂缝强烈活动时期，凡处于这一破裂带上的建筑物，不管是何种建筑类型，不管其强度多大，都出现了不同程度的破坏，而在地裂缝带以外的建（构）筑物，基本上不受其影响。

西安市地裂缝和地面沉降伴随着城市开发的步伐仍在持续扩展，目前的情况非常令人担忧。大雁塔和钟楼作为西安的地标性建筑因地裂缝、地面沉降活动受到更为广泛的关注，大雁塔向西倾斜 1 004 毫米，钟楼下沉 1 米之多。据不完全统计，在西安市由于地裂缝频繁活动毁坏的楼房就有 170 余栋，厂房、车间 57 座，民房近 2 000 间，74 条道路遭到破坏，累计

▲大雁塔西配房地裂缝

错断供水、供气管道 50 余次，损毁立交桥 2 座，导致 3 614 亩（1 亩 ≈ 666.7 平方米）土地不能有效利用。

西安市地裂缝由南往北共计 14 条，单条简要介绍如下。

东三爻–曲江池地裂缝带（DX1）：该裂缝带分布于南窑村黄土梁的南侧，西起东三爻村小学西侧，东至曲江西村，全长 3 200 米，出露长度约 1 500 米，缝宽 40～80 毫米。地裂缝破坏陕西省高级人民法院办公楼，错断文丰路。

▲DX1 地裂缝破坏文丰路及陕西省高级人民法院办公楼（陶虹摄于 2019 年）

南寨子–新小寨地裂缝带（DX2）：该裂缝带分布于结核病院黄土梁的南侧梁洼转折部位，西起南寨子村，东至新小寨村，全长约2 400米。破坏长安路，造成该路段常常翻修。裂缝带在两端地面出露明显，中间为隐伏状态，实际出露长度约1 400米。

▲DX2地裂缝破坏长安路（陶虹摄于2013年）

清梁山地裂缝带（DX3）：该地裂缝出露地段为清梁山东南侧地表，最早于1986年发现，雨后农田出现了10厘米宽的裂缝，南东盘相对北西盘下降，两者高差约10厘米。此后，裂缝持续缓慢发展，两盘最大高差超过40厘米。近年裂缝不断发展，对工人疗养院、广场北路、靖宁路造成一定破坏。裂缝向北东、南西两侧延伸较远，在长安路附近呈隐伏状态。

▲DX3地裂缝破坏长泰金帝小区地下车库及围墙

（陶虹摄于2019年）

▲DX3 地裂缝破坏靖宁路　　　▲DX3 地裂缝破坏东仪路

（陶虹摄于 2019 年）　　　　　（陶虹摄于 2019 年）

　　南三爻－射击场地裂缝带（D1）：该地裂缝位于吴家坟到南窑头黄土梁南侧，西起南三爻，途经瓦胡同、省射击场，东至黄渠头村。地裂缝呈断续出露，出露总长度 3.12 千米，发育带宽度可达 5 米。

▼D1 地裂缝破坏麦德龙超市门前广场（陶虹摄于 2013 年）

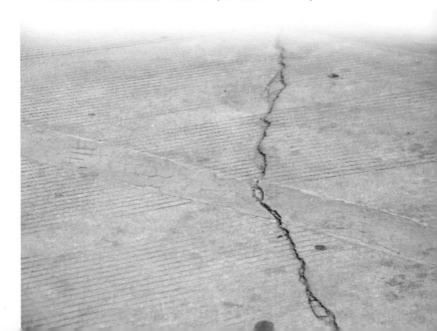

陕西师范大学-陆家寨地裂缝带（D2）：该地裂缝带西起潘家庄，途经长延堡、陕西师范大学、西安植物园、岳家寨，东至陆家寨。地裂缝出露总长度 3.32 千米，总体走向北东 70°，总体倾向南，倾角 70°～80°，其西段潘家庄至长延堡地段地裂缝倾向北，发育带最大宽度可达 140 米。

大雁塔-北池头地裂缝带（D3）：该地裂缝西起唐家村，途经含光路、长安路、大雁塔，东至北池头村。整条地裂缝贯通性较好，出露总长度 5.12 千米，发育带宽度可达 30 米。

▲D3 地裂缝破坏大雁塔外围墙（陈金凤摄于 1999 年）

西安宾馆-小寨地裂缝带（D4）：该地裂缝沿乐游塬黄土梁南侧发育。西起西安宾馆，途经木塔寨、丁白村、小寨、后村、铁炉庙，东至纺织城国棉六厂。西安宾馆至万寿路南段地裂缝连续出露，总长度为 12.80 千米，发育带宽度可达 55 米。陕西钢厂至国棉六厂段为隐伏和推测地裂缝。

◀D4 电子城地裂缝仪器站（陈金凤摄于 1999 年，现已拆除）

◀D4 地裂缝破坏铁炉庙棉织厂路面（陈金凤摄于 2000 年）

▼D4 地裂缝破坏西安宾馆 3 号楼（陶虹摄于 2013 年）

沙井村-秦川厂地裂缝带（D5）：该地裂缝沿西安交通大学黄土梁南侧发育，西起沙井村，东到纺织城国棉四厂北。地裂缝连贯性好，走向变化较大，发育带宽度 35～70 米。永松路段崇德小区住宅楼及崇业路路面活动强烈，致灾严重。

▲20 世纪末，D5 地裂缝破坏原西安冶金建筑大学图书馆（后来学校拆除了该建筑，并保留图书馆部分破坏基础作为警示。照片左摄于1999 年，照片右摄于 2005 年）

▼D5 地裂缝破坏崇德小区住宅楼
（陶虹摄于 2013 年）

▼D5 地裂缝破坏长安立交桥
（陶虹摄于 2013 年）

黄雁村－和平门地裂缝带（D6）：该地裂缝沿南稍门、古迹岭、动物园一线黄土梁南侧发育，西起甘家寨，东至灞河热电厂。地裂缝出露总长度 10.40 千米，地裂缝倾向南，发育带宽度 55～110 米。

▲D6 地裂缝破坏西安第一保育院门口路面（闫文中摄于 1997 年）

▲D6 地裂缝破坏东郊第十六街坊地面（陈金凤摄于 1999 年）

西北大学－西光厂地裂缝带（D7）：该地裂缝沿槐芽岭黄土梁南侧发育，西起皂河，东到西北光学仪器厂。地裂缝出露总长度 5.38 千米，总体走向北东 30°，发育带宽度 24～55 米。经鱼化寨段活动强烈，致灾严重。

▲D7 地裂缝破坏西安外事学院 3 号教学楼（陶虹摄于 2015 年）

▲D7 地裂缝破坏枫韵兰湾小区（陶虹摄于 2015 年）

　　劳动公园-铁路材料总厂地裂缝带（D8）：该地裂缝沿劳动公园黄土梁南侧发育，西起兰空干休所，东至铁路材料总厂。地裂缝断续出露，总长度 4.35 千米，发育带宽度 15～45 米。

▲D8 地裂缝破坏华清路农机　　　　▲D8 地裂缝破坏兰空干休所地面
厂仓库（闫文中摄于 1999 年）　　　　　　　　（陶虹摄于 2013 年）

红庙坡–八府庄地裂缝带（D9）：该地裂缝沿龙首塬黄土梁南侧发育，西起星火路，东到秦孟村。地裂缝带出露总长度 9.90 千米，发育带宽度 44～60 米。

大明宫–辛家庙地裂缝带（D10）：该地裂缝沿光大门黄土梁南侧发育，西起大明宫遗址，东至新房村。地裂缝带出露总长度 4.00 千米，发育带宽度达 15 米。

▲D9 地裂缝破坏太华路西安给排水厂楼房（闫文中摄于 1997 年）

▲D9 地裂缝破坏电磁线厂路面（闫文中摄于 1997 年）

▲D10 地裂缝破坏辛家庙小学操场（陈金凤摄于 1999 年）

▲D10 地裂缝破坏辛家庙重型机械厂家属区地面 (陈金凤摄于 1999 年)

方新村–井上村地裂缝带 (D11)：该地裂缝位于光大门黄土梁上，西起方新村，东至井上村。地裂缝全长 0.8 千米，发育带宽度达 3 米。

📍 **案例 2：地裂缝上的村庄——河北隆尧**

河北省位于华北平原，是我国地裂缝较为发育的省份之一，邢台市隆尧县位于河北省的中南部。隆尧县地裂缝长 35 千米，走向近东西向，穿过 18 个村庄，影响面积约 5.6 平方千米。水平错动速率为 1 厘米/年，垂直错动速率为 3.5～4.0 厘米/年。该地裂缝是我国目前发育长度最长的地裂缝。

2006 年 6 月 27 日、28 日大雨过后，河北省邢台市柏乡

▲寨里村–小里村地裂缝

县出现了一条长达 8 千米的地裂缝，从寨里村村北一直延伸至小里村村南，横跨西汪、王家庄两个乡，引起当地群众的极大关注。后经邢台市地震局调查证明，天气干旱和地下水位下降是这条地裂缝出现的主要原因，与地震无关。

📍 案例 3：半岛上的裂缝——雷州市

地裂缝是雷州半岛地区较为常见的地质灾害，从 20 世纪 60 年代至今久旱不雨或久旱后遇大雨时，地裂缝发生的频率都很大。地裂缝形态复杂，规模较大，空间分布往往与地形地貌、地层、植被等密切相关，多是由胀缩土长期失水收缩所致。

2007 年 8 月，雷州市唐家镇瓜湾村发生多处地裂缝，很多村民的

▼唐家镇瓜湾村胀缩土地裂缝导致房屋破裂

（陆显超摄于 2007 年）

房屋被拉裂，村民十分恐慌，担心可能会发生地震。后经湛江市地震局现场调查后发现，地裂缝的出现并非地震前兆，主要原因是：当地砖红色黏土有较强的胀缩性，雨季时吸水膨胀，现因严重干旱缺水收缩造成的，与构造运动、地震无关。科学的解释终于消除了恐慌，稳定了民心。2006—2010 年前后，雷州市调风镇后降村、英央仔村等发生地裂缝地质灾害，相继造成民房不同程度的房裂。

📍 案例 4：苏锡常地裂缝

人们习惯上将苏州、无锡、常州地区统称为苏锡常地区。地裂缝是苏锡常地区较为常见的地质灾害之一，20 世纪 80—90 年代最为发育，中心城市区稍早发现，外围县市区稍晚发现，发育时间与该地区地下水开采时间基本一致。由于目前禁采地下水，苏锡常地裂缝活动已趋于缓和。

苏锡常地裂缝由长期超量开采地下水诱发，不同的地质环境背景形成不同特点的地裂缝。常见的有潜山型、土层结构差异型、埋藏阶地型、地下水综合开采型 4 种（龚绪龙等，2018）。

潜山型：由于古基底起伏变化使第四系沉积层厚度不一致，在强烈开采地下水时引发含水砂层及上覆土层释水压缩，出现不均匀地面沉降，从而导致地裂缝的发生。

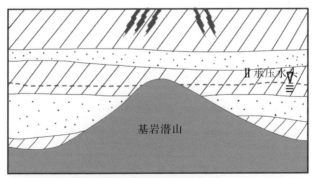

注：地质模式图据龚绪龙（2018）修改，下同。

▲潜山型地裂缝形成地质模式图

土层结构差异型：在地表硬土层之下发育厚度不均一的高压缩性软土层，在地下水位下降至该土层以下时，该土层释水压密形成塑性形变，诱发地裂缝。

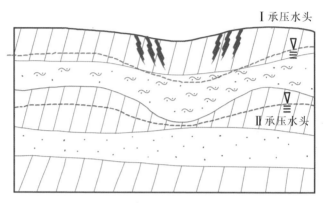

▲土层结构差异型地裂缝形成地质模式图

埋藏阶地型：地裂缝发育区基底为古埋藏阶地或基岩陡崖，在强烈开采条件下，上覆第四系含水层水位下降，造成地下水含水砂层和上覆土层释水压密，出现地面沉降。在埋藏阶地或基岩陡崖的边缘部位，土层发生明显差异沉降，在地表表现为地裂缝。

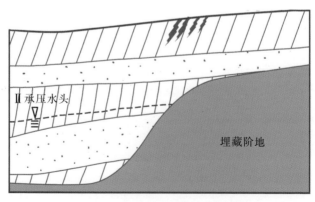

▲埋藏阶地型地裂缝形成地质模式图

地下水综合开采型：苏锡常地区以开采Ⅰ承压含水层为主，已形成以开采井为中心的水位降落漏斗。由于Ⅰ承压含水层具有埋藏浅、颗粒细、渗透性差等特点，强烈开采作用下，粉粒随地下水流失，砂粒重新排列，形成的水位降落漏斗形态较陡，水力坡度较大，往往容易在地表形成地裂缝。

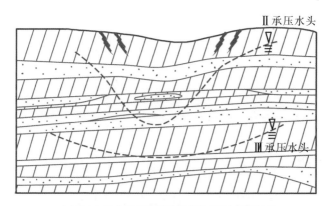

▲地下水综合开采型地裂缝形成地质模式图

🗺 案例 5：黑金上的裂痕——煤炭开采地裂缝

陕北侏罗纪煤田是我国现已探明的煤炭资源储量最大的煤田之一，与德国的鲁尔煤田、美国的阿巴拉契亚煤田等并称为世界七大煤田，是国家重要的煤炭基地，因可采煤层多、煤层厚、煤质优良、构造简单、开采技术条件优越而为世人瞩目。根据国家规划，陕北将成为我国西部优质动力煤的供应和出口煤基地，且其地理位置又具承东启西的作用，是 21 世纪煤炭工业战略西移的首选基地，对下一阶段国民经济的发展具有重大意义。

陕北侏罗纪煤田地处我国西北干旱、半干旱地区。该地区是毛乌素沙漠与陕北黄土高原的接壤地带，区内水资源匮乏，生态环境脆弱，煤层埋藏浅，上覆基岩薄。大规模机械化综合开采的实施，给煤炭开采区带来了一系列采动损害问题，加剧了当地本已脆弱的生态环境进一步破坏，地裂缝就是其中之一。

　　高强度开采区地面塌陷形成的地表裂缝，在垂向上往往形成陡坎，新近形成的地裂缝陡坎呈直角状，较早形成的地裂缝因风化显示圆滑、垮塌等特征，陡坎下发育裂缝。地裂缝深度不一，最深可直通采煤工作面，达到 10～200 米，但一般肉眼可见深度多在 10 米以内，垂向上呈 "V" 字形，上宽下窄，逐渐尖灭，或被地裂缝两壁塌陷物掩埋而不可见。

　　由于煤矿采空区覆岩塌陷波及地表，在矿井局部范围内造成地表岩土体开裂，形成塌陷裂缝。根据地表裂缝的活动形态，可分为拉伸型裂缝、塌陷型裂缝和滑动型裂缝 3 类。

　　拉伸型裂缝：拉伸型裂缝是由于地表的拉伸变形超过表土的抗拉强度形成的，其主要特征为横向开裂、宽度较小、深度较小、地表不存在台阶。

▼亿源煤矿地面拉伸型裂缝（摄于 2014 年）

▲谊丰煤矿地面拉伸型裂缝（摄于2014年）

塌陷型裂缝：塌陷型裂缝是由于基本顶破断使得上覆岩层及表土全部垮落而造成的，其主要特征为横向开裂且纵向下沉、宽度较大、深度较大（甚至直达采空区），地表呈现明显的台阶状。

▲大砭窑煤矿地面塌陷型裂缝
（摄于2014年）

▲麻黄梁煤矿地面塌陷型裂缝
（摄于2014年）

滑动型裂缝：滑动型裂缝一般发育在地形起伏较大的山坡处，受开采动力振动影响，由坡体断裂且发生滑坡形成，其主要特征为形成台阶、宽度较大、落差较大。由于主要裂缝走向与沟谷走向一致，地下采动影响极易导致顺裂缝倾向发生斜坡变形，甚至诱发滑坡地质灾害。因处于斜坡地段，这类地裂缝的稳定性极差，危害性极大。

▲鸿锋煤矿地面滑动型裂缝　　　　▲顺垣煤矿地面滑动型裂缝
　（摄于 2014 年）　　　　　　　　　（摄于 2014 年）

3

地裂缝成因机理

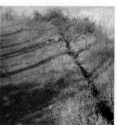

随着地球的不断运动，地球的表面也在不断发生变化。一般来说地球表面往往处于两种状态，一种是缓慢的相对静止状态，另一种是急速的显著变动状态。这两种状态，造成了地球表面的千姿百态，产生了多种多样的自然现象，留下了许许多多的形迹，地裂缝就是其中之一。

归纳起来，产生地裂缝的动力有 3 类：来自地球内部的力量、来自自然界的力量、来自人类活动的力量。地裂缝的产生可以由上述几种力量之一引发，也可由几种力量综合作用引发。

3.1 地球内部的力量

地球内部的力量包括岩浆活动、构造运动、地震等，内动力引起岩石圈变形、产生位移，从而导致地表裂缝的产生。地球内动力造成的地裂缝延伸稳定，不受地表地形、岩土性质和其他地质条件影响，可切错山脊、陡坎、河流阶地等线状地貌。该地裂缝主要包括地震引发的地裂缝和断裂引发的地裂缝两类。

📍 1.地震引发的地裂缝

由于地震活动造成岩体或土层开裂，进而形成地裂缝。地裂缝发育程度与我国地壳活动程度是相对应的，我国西部地裂缝分布区的断层活动强烈，强震频繁，地壳相对不稳定，地震地裂缝极发育；华北地裂缝分布区的断层活动较强，强震较多，地震断层地裂缝也较发育。

▲ 地震引发的地裂缝

2.断裂引发的地裂缝

断裂引发的地裂缝由于基底断裂的长期蠕动，使岩体或土层逐渐开裂，并显露于地表而成，规模和危害较大。断层蠕滑型地裂缝灾害是断层长期的活动效应。地裂缝活动成为动力源使其周围一定范围的地质体发生位移，产生形变场和应力场，这些场通过地基和基础作用于建筑物。

长期水准测量观测表明，位于地裂缝上的建筑物结构破坏主要是由地裂缝两侧的相对沉降差产生的，水平方向的拉张和错动更加重了破坏程度。这种地裂缝的发生所导致的破坏效应，可以引起地面工程设施的结构破坏，造成某些地基的失稳和失效，进而成灾。

▲断层引发的地裂缝模型图

▼断层地裂缝毁坏房屋示意图

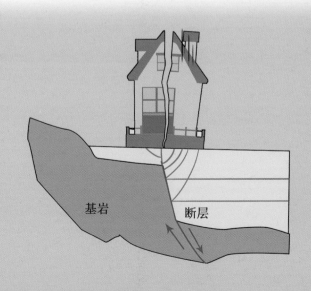

基岩   断层

3.2 自然界的力量

　　自然界的力量主要指来自地球表面的外部力量，在其作用下，岩石和土层发生变形，从而形成地裂缝，如降水、冻融、地面塌陷、滑坡、地面不均匀沉降等外部力量均可以引起地裂缝。该类地裂缝主要包括黄土湿陷裂缝、胀缩裂缝、松散土体潜蚀裂缝，以及滑坡、崩塌引起的地裂缝。

1.黄土湿陷引发地裂缝

　　黄土地层因受地表水或地下水的浸湿，产生沉陷而形成地裂缝。地表水沿裂缝浸入其两侧一定范围的湿陷性黄土土体中，引起该范围内的黄土产生湿陷变形。这种湿陷变形反映到地表，就是引起位于地裂缝的上盘、下盘处一定范围内的地层表面发生沉陷变形。

▼甘肃黑方台"黄土湿陷+降水"诱发地裂缝（董抗甲摄于 2016 年）

一般来说，发育于湿陷性黄土分布厚度较大区域的地裂缝，在强降雨过后及农田灌溉时节重复显现。这是由于在地裂缝两侧形成应变集中场，而这种应变集中场的存在可直接导致该范围产生较强的附加应力。应力作用会加大黄土层的裂缝活动，处于隐伏状态的裂缝会直接贯通。由于黄土湿陷快，湿陷量大，易在地裂缝两端产生应力集中，导致裂缝两端开裂延伸变形。黄土分布地区易沿构造节理在强应力（新构造运动等）和地表水入渗的作用下开启而形成地裂缝。

2.降水引发地裂缝

降水入渗减少土体的有效应力而降低土体的强度，同时使节理裂隙中的孔隙静水压力增大，导致裂隙产生扩容变形（垂向）；降水入渗可在节理裂隙中产生动水压力，对土体产生切向的推力，降低裂隙带土体的抗剪强度，从而出现裂缝（切向）；孔隙动水压力作用可使土体破裂带物质产生移动，甚至被携带出土体之外，产生潜蚀而出现管涌和空洞；地表水的流动可减小地表土体的抗拉强度，有利于地裂缝形成；水力梯度可促进管涌的产生而诱发地裂缝，强降雨有利于增加地

▼山西孝义"降水+采空区"诱发地裂缝（孙伟摄于2017年）

裂缝来自上覆土层的压力，使水压力扩展到一定深度。

管涌是指在渗流作用下，土体细颗粒沿骨架颗粒形成孔隙，水在土孔隙中的流速增大引起土的细颗粒被冲刷带走的现象，也称翻沙鼓水。涌水口径小者几厘米，大者几米。孔隙周围多形成隆起的沙环。

▲西安市雁塔区曲江乡暴雨引起地裂缝

📍 3.松散土体潜蚀引发地裂缝

土层内部在地下水浸湿和活动的影响下，可溶性物质溶解流失，使土层发生塌陷而引发地裂缝。

松散土体地区或有隐伏裂隙发育土体地区的农田灌溉等人类活动，输、排水管道的渗、漏水等，常常也会引起或加剧土体中水的潜蚀、冲刷作用，从而产生或加剧地裂缝的活动。如陕西泾阳、河北正定等地许多地裂缝就发生在农田灌溉之后。水库、渠道等修建时，发生渗漏，使一定地区内地下水位上升，地下水的不良作用加强，从而造成土体开裂。水库的周期性蓄（泄）水、矿坑强排水等，都可造成土体中地下水的潜蚀、冲刷作用加大，进而产生裂缝。这类裂缝在部分库区、矿区中较为常见。

◀松散土体潜蚀引发地裂缝

4.滑坡、崩塌引发地裂缝

滑坡地裂缝是地面裂缝的一种，斜坡上的岩（土）体在重力作用下，都具有下滑的趋势。当自然或人为因素导致抗滑力减小、下滑力大于抗滑力时，斜坡就会失稳，在滑动体与不动体之间形成地面裂缝。由于滑体内部运动方向和快慢的差异，在滑坡内部也会形成各种裂缝。此类裂缝广泛发育于各类滑坡中。

▲湖北大冶铜绿山铜铁矿开采造成边坡不稳定诱发地裂缝 （孙伟摄于 2016 年）

▼滑坡引起的地裂缝

3.3 人类活动的力量

违背客观规律的不合理的人类活动都有可能加剧或引发地裂缝的活动和发育。我国发生的多数地裂缝都在不同程度上与人类活动有关。

1.采空塌陷裂缝

由于地下采掘活动造成一定范围的地下空区，使上覆岩（土）体失去支撑，从而造成这些岩（土）体向下陷落，造成地面塌陷。通常在塌陷边缘及外缘裂隙拉伸带上，地表岩（土）体易发生倾斜位移和水平位移变形，引发地裂缝。我国许多矿区都发育这类裂缝。

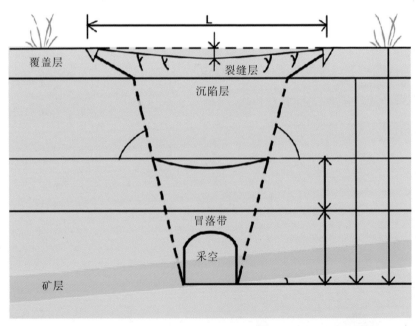

▲地下采空引起地表产生地裂缝示意图

▲煤矿采空塌陷地裂缝破坏民房

（宁奎斌摄于 2019 年）

🗺 2.地下水超采引发地裂缝

地下水超采造成地面沉降、塌陷，从而引起部分地表土层开裂，产生环形裂缝。同时，过量开采地下水还可能诱发和加剧其他类型地裂缝的活动。如西安、大同的基底断裂活动裂缝，鲁西南一些地区的软土胀缩裂缝的活动和加剧都与地下水的大量开采有关。

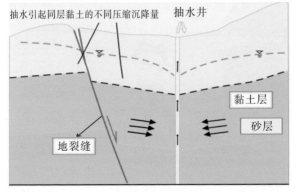

▲ 超采地下水引发地裂缝模式图（来源：长安大学彭建兵）

对地下水的过量抽采，使地下水位降低，潜蚀作用加剧，岩石、土体受水体的浮托力减小，在有地下洞隙存在时，可产生地裂缝。这种地裂缝多见于岩溶地区，并多发生在城镇及其附近。

▲超采地下水引发的地裂缝使西安古城墙开裂

（索传郿摄于 1999 年）

▼超采地下水引发的地裂缝毁坏房屋示意图

3.人工蓄（泄）水引发地裂缝

人工蓄（泄）水工程如水库、渠道等的修建，发生渗漏时会使一定地区内地下水位上升，地下水的不良作用加强，从而造成土体开裂。如兰州市的一些地裂缝即是由于渠道周围地下水位上升、黄土湿陷形成的。水库的周期性蓄（泄）水、矿坑强排水等都可造成土体中地下水的潜蚀、冲刷作用加大，进而产生地裂缝。这类裂缝在部分库区、矿区中较为常见。

▲不良土体区农田灌溉引发地裂缝

▼人工修筑的堤坝蓄水引发的地裂缝

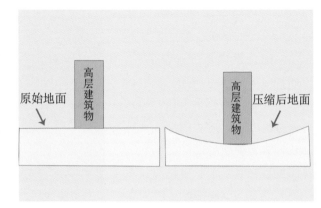

🏴 4.地表荷载引起的地裂缝

地面建筑物在重力作用下使基础底面以下土体产生一定的压缩变形量而导致地裂缝的形成。2012年2月，上海陆家嘴由于深基坑施工，导致周边道路不均匀沉降产生地裂缝。

原始地面　高层建筑物　高层建筑物　压缩后地面

▲地表总荷载引起地裂缝示意图

▼上海陆家嘴施工诱发的地裂缝

5.农田灌溉引发地裂缝

不良土体地区的农田灌溉、地表渗水，松散土体地区或有隐伏裂隙发育的土体地区的农田灌溉，输、排水管道的渗、漏水等，常会引起或加剧土体中水的潜蚀、冲刷作用，从而产生或加剧地裂缝的活动。如陕西泾阳、河北正定等地许多地裂缝就发生在农田灌溉之后。

▲甘肃黑方台农田灌溉地裂缝
（董抗甲摄于 2015 年）

▼农田灌溉之后产生的地裂缝

📖 6.基坑降水诱发地裂缝

随着经济的飞速发展，城市建设中高层建筑、地铁站等大型基坑工程越来越多，对于地下水位较高的城市，不可避免地将会遇到深大基坑大规模、大区域降水，不合理的降水往往会引起涌水涌沙，诱发或加剧地裂缝的活动。

▲某市地铁站基坑降水引发的地裂缝

地裂缝危害

地裂缝对我们的生活、生产等方面影响巨大，易造成严重的经济和财产损失，更甚者造成人员伤亡。

地裂缝危害主要表现在突然毁坏城镇设施、工程建筑、农田水利，干扰破坏交通线路，造成人员和牲畜伤亡。据统计分析，造成地裂缝的主要因素是人为因素。城市中发生的地裂缝危害最大，造成的经济损失最严重。

4.1 危害特点

地裂缝活动主要对建筑、交通、管线工程等造成危害，其主要特点体现在直接性、三维破坏性、三维空间有限性和不均衡性、渐变性、群发性和区域性、随机性和周期性。

1.直接性

横跨地裂缝的建筑物，无论新旧、材料强度大小以及基础和上部结构类型如何，都无一幸免地遭到破坏。地下管道只要是直埋式经过地裂缝，在地裂缝活动初期，不管是什么材料、断面尺寸大小，均很快遭到拉断或剪断。

▲地裂缝错断管道造成涌水

▲地裂缝造成房屋破坏
（闫文中摄于 2005 年）

📍 2. 三维破坏性

地裂缝对建筑物的破坏具有三维破坏特征，以垂直差异沉降和水平拉张破坏为主，兼有走向上的扭动。它是建筑物不可抗拒破坏的重要因素。因此，仅采用一般结构加固措施无法抗拒地裂缝的破坏作用。例如左图中地裂缝通过西安市 15 街坊一居民楼，裂缝破裂处上、下两盘不仅有垂直方向上的错动，水平方向亦有拉张和扭动。

1994 年，西安市南二环长安路立交桥通车。为防止斜交通过长安路立交桥的 F6 地裂缝对桥体造成破坏，长安路立交桥采用简支梁独立桥墩设计。2016 年经实地测量，地裂缝垂直错距最大 30 厘米，水平拉张桥面 10～30 厘米。

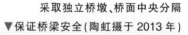

采取独立桥墩、桥面中央分隔
▼保证桥梁安全（陶虹摄于 2013 年）

📍 3.三维空间有限性和不均衡性

地裂缝的破坏作用主要限于地裂缝带范围，它对远离地裂缝带的建筑物不具辐射作用，在地裂缝带内的灾害效应具有三维空间效应。水平方向上，主裂缝破坏最为严重，向两侧逐渐减弱，上盘灾害效应重于下盘。垂直方向上，地裂缝灾害效应自地表向下逐渐减小。所以，在地面建筑、地表工程和地下工程遭受的破坏变形中，地表房屋破坏宽度最大，路面及基础次之，人防工程破坏宽度最小。

例如，受地裂缝垂直方向活动的影响，原西北大学汽车修理厂一侧由原来的一楼沉降为半地下室，影响宽度不足 3 米。

▼地裂缝三维空间有限性和不均衡性对比图（闫文中摄于 2005 年）

4.渐变性

地裂缝成灾过程的渐变性包括以下 3 个方面。

第一，单条地裂缝带上，地裂缝由隐伏期到初始破裂期，遵循萌生期→生长期→扩展期的发育过程，不断向两端扩展。因此，建筑物的破坏也不是整条裂缝带上同时开始，最先发育地裂缝的地段开始发生破坏，逐渐向两端发展，隐伏段经过一个时期也最终开始破坏。

第二，对于一座建筑物的破坏也是逐渐加重的，最初的破坏表现为主地裂缝的沉降和张裂，且仅限于建筑物的基础和下部，之后向上部发展，最终形成贯穿于整个建筑物的裂缝或斜列式的破坏带。

第三，各条地裂缝并非同时发展，而是有先有后。

▼地裂缝发育渐变示意图

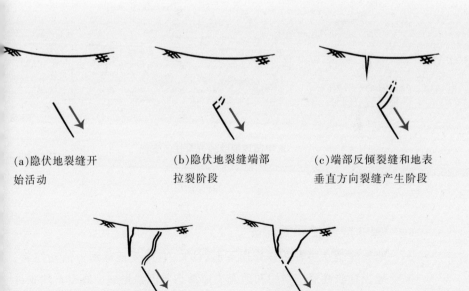

(a)隐伏地裂缝开始活动

(b)隐伏地裂缝端部拉裂阶段

(c)端部反倾裂缝和地表垂直方向裂缝产生阶段

(d)垂直方向拉裂裂缝向下发展和反倾裂缝延伸变宽阶段

(e) 垂直方向拉裂裂缝与隐伏裂缝贯通和反倾裂缝闭合阶段

📖 5.群发性和区域性

受区域地质构造条件，以及降水、地震、地形、地壳应力活动等条件制约，地裂缝灾害具有群发性和区域性。例如 20 世纪 50 年代华北地区地裂缝活动密集区与强震活动区的交替变位，体现了地裂缝灾害的群发性和区域性特点。

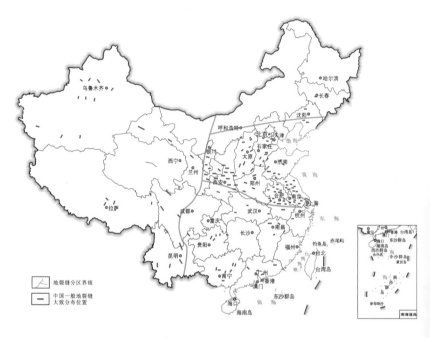

▲中国地裂缝的分带性示意图

📖 6.随机性和周期性

地裂缝是在多种条件作用下形成的，它既受地球动力活动控制，又受地壳物质性质、结构和地壳表面形态等因素影响，既受自然条件控制，又受人类活动影响。因此，地裂缝的时间、地点、程度等往往具有不确定性，也就是说地裂缝是复杂的随机事件。

此外，受地下水开采周期性规律的影响，地裂缝又常表现出周期性特征。地裂缝的形成滞后于地下水最大开采的7—8月，因此一般每年的8—9月为地裂缝活动量最大时段，1—2月为地裂缝活动量较少时段。

▲地裂缝周期性示意图

4.2 地裂缝危害分类

地裂缝对人类的影响主要表现为破坏地表建筑、交通线路、生命线工程及其他工程设施，危及居民生命财产安全。地裂缝所经之处，交通线路、建筑物，以及地下供水、输气管道均遭受不同程度的破坏或影响，甚至危及宝贵文物古迹的安全，特别是对我国当前正在大规模建设的高速铁路构成了严重威胁。

📍1.破坏路面

地裂缝对路面的破坏主要是错断道路，造成路面不平整或者直接引发断裂，影响正常交通。除此之外，因路面破裂而导致雨季时地表水的大量下渗，雨水下渗不仅冲蚀路面下部的灰土垫层，还会引起地表湿陷效应。这些因素和地裂缝活动叠加，加重路面破坏程度。

◀西安市崇业路
路面被破坏（陶
虹摄于 2013 年）

◀西安市崇业路
路面被破坏，危
及围墙（陶虹摄
于 2013 年）

▲西安外事学院路面被破坏
(陶虹摄于 2013 年)

▲西安市大寨村路面被破坏
(陶虹摄于 2013年)

▲山西运城新绛县北张中学操场地裂缝
(邓亚虹摄于 2013 年)

▼山西朔州市应县地裂缝破坏路面 (陈元明摄于 2013 年)

2.破坏建筑

地裂缝破坏建筑物的形态特征主要受地裂缝产状和运动特征控制。建筑物本身的型式、断面以及地裂缝通过的部位对其也有一定的制约作用,其特征如下。

◆建筑物上产生的斜裂缝:地裂缝带上墙体的裂缝倾角一般为 30°~60°。

◆建筑物上产生以拉张变形为主的垂直裂缝:建筑物的地面、墙体以及墙体的交界部位出现上、下裂缝基本等宽度的现象。

◆建筑物两侧倒"八"字形斜裂缝:建筑物两侧基础沉降大,中间小,或者建

▲西安外事学院住宅楼(破坏前)

▼西安外事学院住宅楼被破坏后拆除(陶虹摄于 2016 年)

筑物一边沉降大，另一边沉降小或无沉降，因而建筑物上出现倒"八"字形斜裂缝。

建筑物变形缝的变形特征为：无论是伸缩缝或沉降缝，凡是地裂缝带从其附近穿过，变形缝从上到下几乎都被拉开，上部拉开的宽度往往数倍于下部拉开的宽度。

这里特别指出建筑物墙体的破坏特点为：一是大的为垂直缝，间有小的转折，二是以水平缝为主混有斜缝，三是倾斜缝个别呈树枝状。围墙上的裂缝一般显示上宽下细。

▲西安崇业路小区居民楼被破坏
（陶虹摄于 2014 年）

▲西安市大寨村路面、围墙被破坏
（陶虹摄于 2014 年）

▼山东省济宁市新星化工厂墙体破坏情况（梁凤英摄于 2010 年）

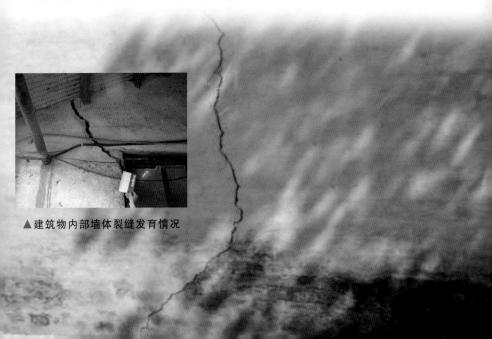

▲建筑物内部墙体裂缝发育情况

▲咸阳市一民居被破坏（陶虹摄于 2013 年）　　▲西安大雁塔围墙被破坏
　　　　　　　　　　　　　　　　　　　　　（陈金凤摄于 2005 年）

📍 3.破坏耕地

　　地裂缝对耕地的破坏主要表现在拉裂或错断土地，造成灌溉漏水以及土地被破坏无法耕作等，从而造成巨大的水资源浪费，耕地资源质量下降，产生较大的经济损失。

▼晋中市太谷县北洸乡西咸阳村地裂缝破坏耕地(陈元明摄于 2013 年)

▲河北沧州河间地裂缝破坏耕地
(2009年,中国地质调查局水文地质
环境地质调查中心马学军提供)

▲河北邢台隆尧地裂缝(2010年,中
国地质调查局水文地质环境地质调
查中心马学军提供)

▼山西汾阳地裂缝破坏耕地(陈元明摄于2013年)

🗺️ 4.破坏桥梁管道

地裂缝对管线桥梁的破坏主要表现在以下 3 个方面。

（1）地裂缝两侧错动导致桥梁管线等结构开裂。

（2）地裂缝的活动应力通过衬砌传递到隧道内部，导致跨地裂缝的基础或轨道等各种设施产生变形。

（3）造成隧道防渗设施破坏，引起地下水入渗等。

▲地裂缝破坏隧道防渗设施

▲西安市南二环立交桥被破坏（陈金凤摄于 2005 年）

4.3 地裂缝未来趋势

我国较大规模发育的地裂缝有 3 类：一是"构造+过量抽汲地下水"引发的地裂缝，这类地裂缝在我国发育最广泛、数量最多，主要分布在华北平原、汾渭盆地；二是由于过量抽汲地下水诱发的地裂缝，主要发育在长江三角洲；三是由于大量采煤引发的"工程性地裂缝"，在陕西、山西等煤矿开采区大规模发育。近几年，随着地下水资源管理和保护措施的不断加强，开采地下水诱发的地裂缝活动范围逐年减小，地裂缝活动强度逐年降低。以西安市为例，地裂缝年活动速率大于 50 毫米/年的范围由 51 平方千米减少到 2.7 平方千米，可以看出目前过量开采地下水诱发的地裂缝活动较 20 世纪末已大大减弱了。下面我们以西安市、大同市为例,看看地裂缝将会如何发展吧。

🏔 4.3.1 西安市地裂缝

📍 1.西安市地裂缝的现状及成因

西安市位于汾渭盆地中部,受构造与地下水开采影响,地面沉降、地裂缝地质灾害发育,治理难度大,避让成本高,极大制约了城市国土空间开发利用。截至 2018 年,在西安市区经勘查确定的地裂缝带有 14 条,出露总长度 85 千米,总体走向北东东向,分布西起皂河,东到灞桥,南起清凉山,北至井上村,约 200 平方千米。据不完全统计,仅西安市因地裂缝与地面沉降超常活动毁坏楼房 170 余栋,厂房、车间 57 座,民房近 2 000 间,74 条道路遭到破坏,累计错断供水、供气管道 50 余次,立交桥 2 座,不能有效利用的土地 3 614 亩。2018 年,西安地铁 3 号线鱼化寨—延平门区间因地裂缝活动造成道床框架板断裂,给地铁安全运营造成隐患。

西安市地裂缝是构造活动与人类工程活动共同作用造成的,地裂缝活动和发展在构造上既受深部断裂的控制又与地下水的过量开采密切相关,而西安市地裂缝近年的活动频繁则与过量抽汲地下水密切相关。

📍 2.西安市地裂缝的活动特征

◆特征一:地裂缝活动具有迁移性,最初南郊的地裂缝开始活动,然后依次向北发展,近年以西南郊鱼化寨地裂缝较为活跃。

◆特征二:地裂缝活动强度与地下水开采具有较高相关性。总体来说,地裂缝活动随着地下水开采量增大而活跃,随着开采量减小而趋于稳定。

◆特征三:地裂缝活动性质为张裂并伴有垂直断陷和水平扭动,在地裂缝活动强烈时期,垂直活动速率可达到 20 毫米/年。

◆特征四：地裂缝活动对其影响带内各类建筑物都有极大的破坏性。

3.西安市地裂缝的发展趋势

西安市位于关中盆地中部，关中盆地夹持于鄂尔多斯台地和秦岭造山带之间，南、北两侧分别以秦岭北缘断裂和渭河断裂为界，这两条边界断层均为正断层（断层两侧呈拉张），走向近东西，向盆地内陡倾。关中盆地地质构造环境的拉张背景，使得关中盆地呈现下沉趋势，多平均下沉速率约 3 毫米/年。

西安市近年地下水控采压采成效显著，由过量开采地下水引发的地裂缝活动量将逐年减小。据地震局监测，临潼-长安断裂、渭河断裂近年较为活跃，受此影响，在保持现有开采量不变的情况下，西安地裂缝活动受构造影响的程度将会增大。

4.3.2 大同市地裂缝

1.大同市地裂缝的现状及成因

自 1983 年以来，在山西大同市市区先后出现了多条地裂缝，至今已发现的地裂缝有 10 条，总长度 34 千米。由于地裂缝的强烈三维活动（即垂直差异沉降、横向水平开张、纵向水平扭动），致使跨越地裂缝上的 200 多座建筑物以及管道等设施受到了严重破坏，据不完全统计，其直接和间接经济损失已达 6.3 亿元人民币。地裂缝的活动不仅造成巨大的经济损失，而且给人民的生命财产安全带来严重危害。研究表明，大同市地裂缝的内因是地壳活动引起的断层活动，属于构造地裂缝。同时，过量开采地下水是地裂缝产生和加速发展的诱发因素。

2.大同市地裂缝的发展演化规律

大同市地裂缝的形成和发展经过了一个较长的过程。就已发现的 10 条地裂缝的形成而言，最早出现者为机车工厂地裂缝，形成于 1983 年，随后南郊凿井队地裂缝和铁路分局地裂缝相继出现，这与 1981 年

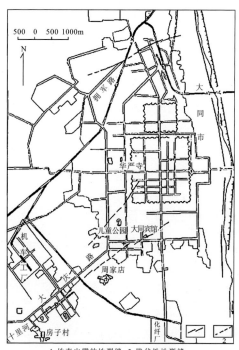

1.地表出露的地裂缝　2.隐伏性地裂缝

▲大同市地裂缝分布略图

至 1983 年小震活动频度加大、构造应力增强有关。到 1989 年大同盆地及周围地区又进入地震活跃期，伴随着 1989 年 10 月 18 日 6.1 级和 1991 年 3 月 26 日 5.8 级两次大同–阳高中强地震的发生，新添堡地裂缝、文化里–机电公司地裂缝、322 医院地裂缝等相继出现，到 1999 年 11 月 1 日大同–阳高 5.6 级地震发生后，大同宾馆地裂缝、周家店地裂缝又相继出现，反映出地裂缝受统一的区域构造应力场控制的特点。

3.大同市地裂缝发展趋势

大同市地处山西地震带与阴山、燕山地震带交会处，地震活动频繁，近 20 年来一直被国家列为重点监测区，今后 30 年左右的时间是华北地震活动频率相对高的地区。地震活动的加剧，区域构造活动的加强，加速地裂缝的活动。另外，随着现阶段工农业生产高速发展，城市人口急剧增加，对水资源的需求量逐年增加，强采已有地下水，势必导致地下水位持续下降，进一步加剧了地裂缝的活动。在上述两个条件下，山西大同市地裂缝将继续发展，时间上可能持续 30 年左右。原有地裂缝的隐伏段将显露出地表，并向两端继续扩展。

从上述对大同市地裂缝的发展规律和演化趋势的研究来看，地裂缝的发生、发展主要取决于两个要素。一方面，地壳的内部活动引发的地裂缝，这类地裂缝在未来的发展趋势通过现有手段短时间内的预测是无法实现的。因为从长时间的角度来看，全球的地壳活动往往具有阶段性，这个阶段可能持续十几年或上万年，甚至数百万年。另一方面，人类活动引发地裂缝，这类地裂缝主要与地下水位的变化相关联。过度抽汲地下水或者人为改变地下水渗流场势必会加剧地裂缝的发展或加速地裂缝的发生。

近年来，随着人类工业活动的不断发展，经济增长速度的不断加快，人类对于环境的索取不断增大，进而导致环境承载力不断下降。人类用水，如居民生活用水、工业用水等，或是由于气候恶化，大气降水减少，而导致地下水位下降，均对地裂缝的形成起到了促进作用。因此，地裂缝在未来的发展趋势将是日趋频繁的，特别是集中发育于构造活动区、人类工程采空区、过度抽汲地下水区等区域。构造活动区域的地裂缝是不可避免的，可以采取一些避让措施，但是人类活动引起的地裂缝需要采取适当的控制措施，能够起到一定的调控作用。

5

地裂缝防治

地裂缝的危害性不言而喻，因此在生活和工作中，我们个人应该多了解一些地裂缝的小常识，提高自我防范意识，以便更好地识别地裂缝，做到提前预防，保护自己与大家的生命和财产安全。

5.1 地裂缝预防

由于地裂缝灾害的不可抵御性，地裂缝的防治以"防"为主，防治结合。目前，避让地裂缝区段是一种最为有效的预防减灾措施。如地裂缝灾害严重的西安市，制定了《地裂区建筑场地勘察设计规程》，规定各类建筑物按其类型和重要程度在地裂缝两侧各避让一定的距离，这对减轻西安的地裂缝灾害起了重要的作用。同时，必须跨越的区段，要采取措施，限制地下水的开采量，加强监测工作。以下让我们一起来了解一下常规的地裂缝防治措施吧！

📍 1.工程加固

对必须跨越地裂缝的工程，如跨越地裂缝的地下管道、桥梁等，可采用外廊隔离、内悬支座式管道并配以活动软接头联结措施等预防地裂缝的破坏。对已在地裂缝危害带内修建的工程设施，应根据具体情况采取加固措施进行加固。对已遭受地裂缝严重破坏的工程设施，需进行局部拆除或全部拆除，防止对整个建筑或相邻建筑造成更大规模的破坏。

▲ 使用工程措施加固可能受地裂缝影响的桥梁

🗺 2.避让措施

　　由于地裂缝活动对建筑物破坏的难以抵御性，因此对地裂缝的防治要以预防为主。首先应进行详细的工程地质勘察，调查研究区域构造和断层活动历史，对拟建场地查明地裂缝发育带及潜在危害区，做好城镇发展规划，合理规划建筑物布局，使工程设施尽可能地避开地裂缝危险带，特别要严格限制永久性建筑设施横跨地裂缝。

▼西安市枫韵兰湾小区，建筑设计巧妙避开地裂缝活动区域

地裂缝活动区域

📍 3.合理开采地下水

过量开采地下水造成不均匀沉降是诱发地裂缝的因素之一。根据地下水资源的分布情况，科学规划，合理开采，避免开采层位和开采时段的集中是预防地裂缝灾害的重要措施。另外，还有人工回灌地下水、补充地下水水量等治理措施。下面以西安市为例，介绍控制地下水开采对地裂缝的治理。

2000年前地下水是西安市城市供水的单一供水水源，地下水开采量较大，地裂缝活动也较为活跃；2000年后西安市逐步关停自备井，地下水开采量逐年减少，在地下水控采区地裂缝活动趋于减缓。

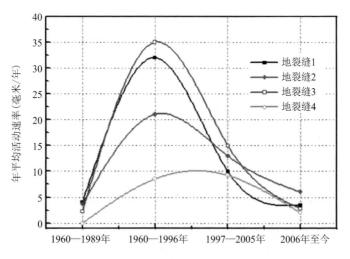

▲西安市不同历史时期地裂缝活动历时曲线

1960—1989年，是西安市地下水开采量逐渐增加的时段，地裂缝活动量随着地下水开采量的增大而逐年增加。

1990—1996年，是西安市地下水开采量达到顶峰的时段，地裂缝活动显著增加，也是西安市地裂缝活动最强烈的时段。

1996年以后，随着黑河引水工程的使用，西安市逐年减少地下水开采，地裂缝活动量显著减缓。

5.2 地裂缝监测

地裂缝的监测，指通过水准测量、三维变形测量仪测量、卫星定位系统测量等测量方法，对地裂缝形变体活动变化情况进行定期观察测量、采样测试、记录计算、分析评价和预警预报的活动。地裂缝监测可掌握地裂缝的稳定性，为地裂缝防治提供有效信息，以便尽早发现问题并及时解决。

我国地裂缝监测历史超过 50 年，监测方法从最早的水准测量发展为目前水准测量、GPS 测量、InSAR 测量以及光纤测量、自动化三维仪器测量等，在西安、上海、北京、江苏等不同地区形成了多个地裂缝空间立体监测网络。

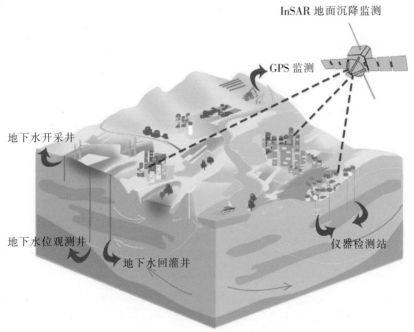

▲地裂缝监测技术示意图

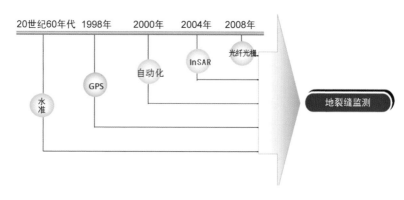

20世纪60年代　1998年　　2000年　　2004年　　2008年

水准　　GPS　　自动化　　InSAR　　光纤光栅

地裂缝监测

▲我国地裂缝监测技术的发展历程

📍 1.水准测量

　　地裂缝监测最常用的手段是水准测量。水准测量作为常规、经典的监测手段，布设、测量灵活，在北京、上海、天津、西安等城市是地裂缝监测的重要手段。该监测技术可以与卫星定位监测技术相互配合，建立地、空立体监测网络，监测数据亦可互为验证。

　　水准测量可监测垂直地裂缝发育方向的位移量，是在地裂缝两盘

▼水准测量

分别布设若干个水准点、通过定期水准测量取得地裂缝两盘垂直活动量的监测方法。

📍 2.卫星定位监测

近年来，卫星定位作为现代大地测量的一种技术手段，已广泛应用于滑坡、地震、地裂缝等地质灾害监测中。通过跟踪卫星连续不断地传送到全球的电磁波，系统可获取并计算经度、纬度及三维的变化，从而动态监测数据。卫星定位监测常用于地裂缝活动速率相对比较大的地区，是监测地裂缝活动量的重要技术手段之一。

在地裂缝活动区域布置卫星定位系统监测点，应用卫星定位系统测量技术对地裂缝活动实施的定期测量。

▼卫星信号接收的仪器分布点（红圈）

▼卫星定位预测

（图片由赵超英提供）

8.14 cm

27.72 cm

例

GPS 点

6 cm

2006.06—2012.05

📍 3.人工简易监测

人工简易监测是指对被地裂缝破坏的地表或建筑物实施的变形量定期测量的活动。在建筑物裂缝两侧使用两个对应的标志，定期人工观测对应标志的位移情况，根据位移变化速率的大小划分地裂缝的发育级别，大致确定地裂缝的发育影响范围。

常见的观察设备是钢卷尺。这种监测方式简单、经济、易实施。

▲西安外事学院 3 号教学楼人工简易监测点（陶虹摄于 2015 年）

📍 4.光纤监测

光纤监测技术是对地裂缝水平拉张、水平扭动、垂直活动三维变化量实施连续测量的监测方法。随着对测量精度要求的提高，光纤监测在地质灾害中的应用越来越广泛。原理是利用光纤传感器来传递位移变化信息，从而计算位移变化速率。它的优点是容量大、测量精度高、无零漂、能适应各种恶

▲光纤监测点（龚绪龙摄于 2015 年）

劣环境。随着传感器灵敏度的提高，光纤监测将在地裂缝实时监测方面发挥更大的作用。

📍 5.LiDAR 监测

LiDAR 监测是采用激光雷达监测技术对地裂缝影响带内微地貌特征、地裂缝垂直变形量和地裂缝影响带内构筑物裂缝形态实施连续测量的监测方法。它具有测量精度高，数据源准确，测量范围大，测量速度快，不受地形、天气等恶劣条件影响的特点。

▲LiDAR 野外监测现场（姚超伟摄于 2018 年）

📍 6.静力水准监测

静力水准监测是采用静力水准测量系统对地裂缝两盘垂直位移实施连续测量的监测方法。它的实现过程如右图所示。它的主要部件是无线发送仪和静力水准仪两个部分。它的主要优点是安装简单，可实现实时监测，实时传输，这对于地裂缝的监测是十分有利的。

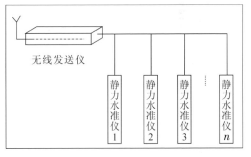

▲静力水准监测实现过程示意图

结束语

　　地裂缝是地质灾害的一种，在我国，它的发生多是构造因素和人为因素共同作用引起，如人为过量抽汲地下水、大规模地开采矿产资源等均可能诱发地裂缝，不仅给人民的生命财产造成威胁，同时对生态环境也造成了严重的影响。

　　党的十九大报告指出："坚持人与自然和谐共生，建设生态文明是中华民族永续发展的千年大计，必须树立和践行'绿水青山就是金山银山'的理念，坚持节约资源和保护环境的基本国策，像对待生命一样对待生态环境，统筹山水林田湖草系统治理，实行最严格的生态环境保护制度，形成绿色发展方式和生活方式，坚持走生产发展、生活富裕、生态良好的文明发展道路，建设美丽中国，为人民创造良好生产生活环境，为全球生态安全做出贡献！"

　　将绿色发展和生态文明建设写进报告，对生态文明建设提出新论断和新要求，是今后一段时期我国生态文明建设工作必须遵循的思想，为生态文明建设改革发展指明了方向。同时，党的十九大报告指出："开展国土绿化行动，推进荒漠化、石漠化、水土流失综合治理，强化湿地保护，加强地质灾害防治"，对地质灾害防治进行了专门论述，在后期多次会议中，习近平总书记对地质灾害防治和减灾防灾救灾工作进行了一系列重要讲话，这些讲话是在充分分析我国地质灾害防治形式的基础上提出的新思想、新要求，是我们今后一段时期内地质灾害防治工作必须遵循的基本原则！生态文明建设、地质灾害防治是我们建设美丽中国的基本要求，也是中国可持续发展的前提，我们必须遵循这些理念。

近年来，我国生态文明建设和地质灾害防治工作形势严峻，国家和地方职能部门对其非常重视，制定了相关政策，配备了专门人员，配套了相应资金，对其进行预防和治理，保护地质环境及我们赖以生存的家园。但是，仅仅依靠政府单方面的重视是远远不够的，政府只能在政策方面给我们加以规范，其他需要我们全民参与，共同出力，从自身做起，从小事做起，为地质环境保护和地质灾害防治做出自己的贡献。

为了让广大群众了解地裂缝，本书主要讲述了地裂缝的基础概念、成因机理、危害及其防治等内容，通过通俗的语言、形象的图片及生动的事例，对地裂缝地质灾害基本知识进行普及。

希望通过这本地裂缝科普读物，让读者了解地裂缝基本知识，提高减灾防灾意识和科学素养，形成全民了解地质灾害、关心地质灾害、积极防治地质灾害的良好习惯。通过了解地裂缝的主要诱发因素及其防治对策，倡导全民自觉节约用水，爱护环境，为把我国建设成富强、民主、文明、和谐、美丽的国家贡献每个人的力量！

科普小知识

地质灾害预报

概念

地质灾害预报是对未来地质灾害可能发生的时间、区域、危害程度等信息的表述，是对可能发生的地质灾害进行预测，并按规定向有关部门报告或向社会公布的工作。地质灾害预报一定要有充分的科学依据，力求准确可靠。加强地质灾害预报管理，应按照有关规定，由政府部门按一定程序发布，防止谣传、误传，避免人们心理恐慌和社会混乱。

地质灾害气象风险预警

地质灾害气象风险预警等级划分为四级，依次用红色、橙色、黄色、蓝色表示地质灾害发生的可能性很大、可能性大、可能性较大、可能性较小，其中红色、橙色、黄色为警报级，蓝色为非警报级。

红色:预计发生地质灾害的风险很高,范围和规模很大。

橙色:预计发生地质灾害的风险高,范围和规模大。

黄色:预计发生地质灾害的风险较高,范围和规模较大。

蓝色:预计发生地质灾害的风险一般,范围和规模小。

📑 预报方式及内容

地质灾害预报以短期预报或临灾预报以及灾害活动过程中的跟踪预报为主，预报由专业监测机构、研究机构和灾害管理机构及有关专业技术人员会商后提出，由人民政府或自然资源行政主管部门按《地质灾害防治条例》的有关规定发布。

地质灾害预报的中心内容是可能发生的地质灾害的种类、时间、地点、规模（或强度）、可能的危害范围与破坏损失程度等。地质灾害预报分为长期预报（5 年以上）、中期预报（几个月到 5 年内）、短期预报（几天到几个月）、临灾预报（几天之内）。

长期预报和重要灾害点的中期预报由省、自治区、直辖市人民政府自然资源行政主管部门提出，报省、自治区、直辖市人民政府发布。短期预报和一般灾害点的中期预报由县级以上人民政府自然资源行政主管部门提出，报同级人民政府发布。临灾预报由县级以上地方人民政府自然资源行政主管部门提出，报同级人民政府发布。群众监测点的地质灾害预报，由县级人民政府自然资源行政主管部门或其委托的组织发布。地质灾害预报是组织防灾、抗灾、救灾的直接依据，因此要保障地质灾害预报的科学性和严肃性。

🏔️ 地质灾害警示标识

在地质灾害易发区或灾害体附近，一般会设立醒目标识，提醒来往行人或车辆注意安全或标识逃生路线、避难场所等。不同地区标识外观不尽相同，但其目的都是为了防范地质灾害，达到安全生活、生产的目的。下面列举了我国部分地区的地质灾害警示标志、临灾避险场所标志，以及常见的几类地质灾害警示信息牌。

▲ 地质灾害警示标志

地质灾害区
危险勿近

负责人：×××
市报灾电话：×××

灾害点编号：×××　　　监测人：×××
监管单位：自然资源局　　电话：×××

自然资源局 印制

▲ 地质灾害区危险警示牌

▲ 地质灾害少数民族地区灾情介绍标牌（引自治多县人民政府网站）

地质灾害群测群防警示牌

灾害名称： 桐花村后滑坡　　　　**规模：** 小型

位置： 临城县赵庄乡桐花村村南50米路北

威胁对象： 8户30人40间房屋

避险地点： 村北小学

避险路线： 向滑坡两侧撤离

预警信号： 鸣锣、口头通知

监测人： ×××　　　　**联系电话：** ×××××

村责任人： ×××　　　**联系电话：** ×××××

乡责任人： ×××　　　**联系电话：** ×××××

县责任人： ×××　　　**联系电话：** ×××××

××× **人民政府**

▲ 地质灾害群测群防警示牌

地质灾害警示牌

撤离线路图

灾害点名称：五德镇杉木岭庙咀滑坡

灾害点位置：五德镇杉木岭村庙咀组

灾害类型：滑坡

规　　模：60mX70m/0.5×10⁴m³

威胁对象：村民7户36人

防灾责任人：xxxx　联系电话：xxxxxxxxx

巡查责任人：xxxx　联系电话：xxxxxxxx

监测记录人：xxxx　联系电话：xxxxxxx

预警信号：敲锣

应急电话：xxxxxxx（镇值班电话：xxxxxxx）

禁止事项：禁止任何单位或个人在滑坡体上开山、采石、爆破、削土、进行工程建设及从事其他可能引发地质灾害的活动。

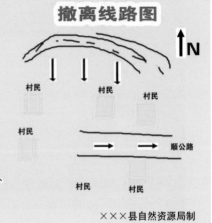

×××县自然资源局制

▲ 地质灾害警示牌

主要参考文献

《工程地质手册》编委会.工程地质手册[M].北京：中国建筑工业出版社，2017.

范立民，李成，陈建平，等.矿产资源高强度开采区地质灾害与防治技术[M].北京：科学出版社，2016.

范立民，张晓团，向茂西，等.浅埋煤层高强度开采区地裂缝发育特征——以陕西榆神府矿区为例[J].煤炭学报，2015（6）：234–239.

范立民.煤矿地裂缝研究[A].环境地质研究 [M].北京：地震出版社，1995:137–142.

耿大玉，李忠生.中美两国的地裂缝灾害[J].地震学报，2000，22（4）：433–441.

龚旭龙，于军，卢毅，等.苏锡常地区地裂缝发育情况及监测方法简述[J].地球，2018（2）：92–93.

李永善，李金正.西安地裂缝[M].北京：地震出版社，1986.

刘传正，刘艳辉，温铭生.中国地质灾害区域预警方法及应用[M].北京：地质出版社，2009.

刘聪，袁晓军，朱锦旗.苏锡常地裂缝[M].武汉：中国地质大学出版社，2004.

彭建兵，卢全中，黄强兵.汾渭盆地地裂缝灾害[M].北京：科学出版社，2017.

彭建兵.西安地裂缝灾害[M].北京：科学出版社，2012.

任建国，龚卫国，焦向菊.山西大同市地裂缝的分布特征及其发展趋势 [J]. 山西地震，2004 (3)：40-43.

陶虹，丁佳.关中城市群开采地下水有关环境地质问题及防治对策建议 [J]. 地质论评，2014 (1)：231-235.

陶虹，李成，柴小兵.陕北神府煤田环境地质问题及成因 [J]. 地质与资源，2010，19 (3)：249-252.

陶虹，陶福平，丁佳，等.关中城市群地质环境监测网建设及大数据应用 [M]. 武汉：中国地质大学出版社，2017.

陶虹.基于 MAPGIS 的西安地裂缝分析应用 [J]. 地球信息科学，2005 (3)：35-38.

王景明.地裂缝及其灾害的理论与应用 [M]. 西安：陕西科学技术出版社，2000.

武强，姜振泉，李云龙.山西断陷盆地地裂缝灾害研究 [M]. 北京：地质出版社，2003.

谢广林.地裂缝 [M].北京：地震出版社，1988.

殷坤龙.滑坡灾害预测预报 [M]. 武汉：中国地质大学出版社，2004.

张家明.西安地裂缝研究 [M]. 西安：西北大学出版社，1990.

朱锦旗，张卫强，于军，等.土体裂缝危害及试验研究 [M]. 徐州：中国矿业大学出版社，2016.

朱耀琪.中国地质灾害与防治 [M]. 北京：地质出版社，2017.